东作红木

中国·东作 2015

東方新奢 红木家具精品汇

主编　李黎明

华中科技大学出版社
http://www.hustp.com
中国·武汉

序

——关于"器"与"道"的问题

2014年，在北京召开的"当代中国红木家具文化推进大会"上，我提出"器以载道"这样一个口号式的标题。后来听说很多人接过去用，说明虽然是一个口号，大家还是认可的。只是之后一直忙碌，没有把这个题目深入。

"器"与"道"，本来就是中国文化里使用很广泛，概念很宽泛的词汇。这种使用正是中国文化很突出的一个特点：模糊性。中国语言与文字都有这种特点，一句话一个词可以从很多方面去理解，这两个字正如此。

器，可以是一种器物，可以是工具，甚至可以是机器。器，也说成"器度"形容大小。"工欲善其事，必先利其器"的器就是工具。而"上根大器"的根器就不是工具了。道也同样，"道可道，非常道"，既有"说道"的道，也有抽象的道，有天地之规律的道。"大道朝天"就基本是具象的道路了。

《易·系辞》曰："形而上者谓之道，形而下者谓之器。"这里的道器成为中国哲学的一对范畴。道是无形的，含有规律和准则的意义。器是有形象的，指具体事物或名物制度。这就接近我们所说的道器了。

家具人做的是家具，就是一种器物，是形而下者。我们用这个器物做什么呢？用它以载道。载什么道？中国人文之道，生活之道，包括了形而上的那个东西。

中国知识分子在历史上从来都是民族脊梁，我们从小就受着"修身、齐家、治国、平天下"的教育，要"先天下之忧而忧，后天下之乐而乐"，要"人生自古谁无死，留取丹心照汗青"。就算这些高大上做不到，我们做出来的家具好歹要能体现出中国人的器物观。

什么是中国人的器物观？中国的器物从来都不止是实用一种功能。从彩陶看出，美观很重要；从青铜器看出，礼教宗教很重要；从后代大量工艺品看到，制作的技巧很重要。这些林林总总都从不同角度，塑造了我们的"器物观"。当然，中国人的器物观是个大课题，不是我这样杂文能道尽。

更多情况下，器与道不是分离的，而是相互联系。"文以载道"已经是很大提升，不再是"思无邪"的时候了，挑了很重的担子。道需要文载，自然也需要器载。文与器是载道的两个轮子，一个是精神的，一个是物质的。器以致用，用亦是道。道，具体到红木家具中就是：当代中国红木家具的历史定位。

总之，"器以载道"是一个口号一个宣言，是告诉大家家具人的用意和决心，也反映出中国红木家具所应该承担的社会责任，反映出我们对于自己肩负历史责任的认知：这一群人不仅仅做家具，同时也关注文化，关注给子孙后代留下了什么。

2015年2月2日北京到深圳B777-200空中书房

中国家具协会副理事长
中国家具协会传统家具专业委员会主任
中国家具协会设计工作委员会主任委员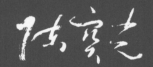

东作红木家具概论

一、东作家具的历史渊源

东阳素有"婺之望县"的美称，东作家具为"东阳三绝"的翘楚（另二绝为东阳木雕、东阳竹编）。东作家具源于西汉，南寺塔下的残留家具木雕配饰，距今已有一千八百余年历史。据《史记》记载，此为中国家具史上有记载的最早的家具木雕配件。

从商周到西汉时期，中国人的生活方式是席地而坐，到东汉、南北朝时逐渐有了高形坐具，在唐代已是垂足高坐了，到宋代则已经完全脱离席地而坐的方式。明隆庆初年，开放"海禁"，硬木开始进入中国，为明式风格家具提供了发展的物质基础条件。明式家具是中国家具史上的高峰，以简约流畅备受推崇和赞誉；清式家具则是中国家具发展史上的另一个高峰，尤以清代宫廷家具为代表，厚重繁华、富丽堂皇为其显著特点。

在中国家具发展史上，始终闪现着江南一带工匠的身影，他们或流连于民间作坊，或受聘于达官贵人，或应召于皇家贵族。地处浙中的东阳，在全国范围内，制作家具的能工巧匠人员最多、分布最广，技艺也是最精巧的。所以东作家具在历代都深得各阶层人士喜爱。至今，仍有越来越多的人不断加入到传统工艺的设计、制作和销售的队伍中。

如果以东作流派历史渊源为前提，以东阳人企业数量为基础，那么东阳绝对是红木家具发展史上不可或缺的生产聚集区，对行业、市场具有越来越深远的影响。现东阳市本地红木家具生产企业已达一千多家，东阳人在全国各地的红木家具生产企业可谓占尽中国红木生产的半壁江山，论规模，论实力，论技术，东作家具都在业内首屈一指。

二、东作家具的基础文化

"卢宅"是中国江南园林建筑的独特代表，其建筑特色根源于东阳能工巧匠在建筑、装饰雕件上的充分运用。它集中体现东阳木雕艺人、木匠艺人、漆作艺人、民间设计师强大的制作力和创新意识。因此，"卢宅"在无形之中影响了东阳在家具发展和家具制作上的工艺运用，使东作家具具有独特的江南人文文化特色。

东阳民间历来重视婚嫁迎娶，盖房做家具成为婚娶中不可或缺的环节，由此形成的需求市场，为众多能工巧匠提供了施展技艺的平台。因此，在东阳的家具历史上留下诸多建筑精品和家具精品。而工匠间相互争奇斗艳、相互切磋技艺，又极大地促进了东阳当地的红木家具发展，也使得东作家具从业人数占到了东阳全市人口的六分之一。从业人员队伍的不断壮大，使东阳出现供过于求的现象，导致众多艺人背井离乡，外出谋生。明清时期东阳艺人已经遍布全国，把东阳的传统技艺（诸如家具、木雕、竹编、油漆等）在全国各地发展开来。至今，在全国许多地方的建筑和家具上，都有着东阳技艺的影子，如安徽的徽派建筑和山西的古建筑。

东作家具的形成源于东阳"百工之乡"的基础，而东阳的"百工"在外出各地行艺时又将其发扬光大，深深地影响了其他流派。因此，追本溯源，东作家具在影响其他流派的家具中功不可没。

三、东作家具的风格特点

　　东作家具在明清时期曾达到历史的巅峰。清代的康熙、雍正、乾隆时期的造办处，诸多技艺高手均来自江南一带，以东阳的能工巧匠居多。在明清时期的家具中，东作家具的风格就已形成，并留下诸多精品。具有精雕细凿、形神兼备、经久耐用、富有深厚文化底蕴等特点，使东作家具在各流派红木家具中独树一帜。据《造办处话计档》记载，乾隆三十六年十二月十九日，杭州织造在进贡单中将东作家具高手精制而成的紫檀琴桌、紫檀山水纹宝座列为贡品。据此考证，在京作、苏作、广作、晋作各大流派中，东作的风格、特点、神韵、技艺均汇于其中。东作家具中最为独具特色的风格特点有如下几方面：

　　1. 在创意设计中，造型庄重、比例适度、轮廓优美、匠心独具，体现了以江南人文为特色的审美理念。

　　2. 在工艺制作方面，尤其以东阳木雕作为家具中的独特载体而独步国内。红木家具集中体现为精雕细凿、华丽深浚，在刀法上明快简洁、圆润饱满。运用松散式的构图手法，艺术化的设计布局，将疏可跑马、密不插针的中国传统绘画的诸多意境都运用到了东阳木雕之中。其中最为突出的是浅浮雕技艺在家具上的充分运用，它薄而立体、密而清晰、饱满丰润、栩栩如生，实为东作家具中的一绝。

　　3. 在木工制作上，东作家具集中体现了结构严谨、榫卯精密、坚实牢固、历久不散的工艺精华。

　　4. 在漆艺上的处理达到高超的艺术境界，光泽厚润，用漆精良，端丽典雅，以山上野蜂蜡为原料，不仅环保，且自然美观，体现了内在美与外在美的统一。

　　东作概念的家具特色源自民间，还至民间。在设计制作中也以中产阶级为对象，进行了大量的实用性产品的生产制作，以科学合理、优美舒适、持久耐用为特点的人性化设计，得到了广大市民的喜爱和赞扬。

东作云及其核心优势

一、多维东作云模式

※ 东作云网站

※ 东阳红木家具市场

※ 东作云体验馆

东作云科技馆

二、巨大的供应链和采购体系

※ 全国最大的红木家具产业集群（2000余家红木家具企业）

※ 全国最大的红木木材集散地

三、真品保证

※ 全国最权威木材鉴定机构——南京林业大学木材科学研究中心
   出示材质鉴定证书

※ 首家实施"一书、一卡、一证"，引领行业规范

四、五大质量保障

※ 产品生产全过程的质量监督

※ RFID电子芯片产品身份证

※ 三年免费，终身成本维护

※ 按区域及文化特征的红木材料下单体系

※ 全国知名保险公司承保

五、首创多维东作云系统

※ 东作云网络平台

※ 东作云远程流媒体系统，实时高清视频任游东阳红木
   家具市场

※ 东作云专业设计系统，专业私人定制，现实仿真家具
   配置方案

六 、领航红木家具行业

※ 自2014年起，承办中国红木家具大会，打造红木家具全产业链的国家基地

※ 2013年8月，东阳市被中国家具协会授予"中国红木（雕刻）家具之都"称号

※ 拥有"东作"品牌，是全国五大红木家具流派中唯一的一个企业拥有的国家级品牌

※ 2010年被中国家具协会授予全国唯一的 "中国红木家具规范经营示范市场"称号

※ 在全国专业市场中第一家设立国家级红木木材检测机构——南京林业大学木材研究中心东阳服务站

※ 连续5年承办有"红木家具广交会"之称的全国红木家具经销商大会。由中国家具协会传统家具委员会主办，是全国唯一一个官方采购平台

七 、扁平渠道，多维服务

※ 作为中国红木家具首家垂直O2O电商，东作云在线上线下均采用统一的产品和价格体系。通过整合行业优势，减小价值耗散，实现渠道扁平化，与消费者（商家，厂家）共享渠道红利，使红木家具真正能传承文化，走进千家万户

八 、文化传承

※ 连续五年承办国家级东作红木家具精品评选，并出版专著。

※ 中国传统家具大师的评审试点单位

※ 中国传统家具大师的作品展示平台

※ 筹建中国传统家具培训学院

九 、设计创新

※ 受中家协委托，筹建中国红木家具数据库

※ 东作红木家具技术研究开发中心

※ 东作云设计师创作集群

十 、包装物流

※ 与专业研发机构合作，创新红木家具包装

※ 坐享最便捷的义乌全球物流系统

东阳市红木家具行业协会简介

东阳市红木家具行业协会成立于2008年11月5日，是东阳市（包括东阳籍人员在外地）从事红木家具行业的生产、经营、科研、教学等企事业单位以及社会团体和个人自愿组成的社团组织。协会以"管理、交流、服务、协作、创新、发展"为宗旨，为会员单位服务，反映会员单位的愿望和要求，维护会员单位的合法权益，传达政府的意图，在企业和政府之间发挥桥梁和纽带作用，以弘扬东阳红木家具文化、传承东阳红木家具艺术、促进东阳红木家具产业发展为己任。

协会设会员大会、理事会、秘书处，会员大会为协会最高权力机构，理事会是协会执行机构，在会员大会闭会期间行使大会职权，会长为协会法定代表人。秘书处是协会常设办事机构，下设办公室、会员部、培训部、科技服务部等四个部门，协作处理协会日常事务，实行会长领导下的秘书长责任制。

协会现有会员300多个，主要由东阳红木家具龙头骨干企业、规模以上企业、大型红木家具卖场及专家会员等组成。

2008年11月，协会聘请国内著名专家、大师，组成了专家委员会；2009年9月，协会设立了第二个专业委员会——东阳红木家具行业协会设计专业委员会；2010年12月，协会与南京林业大学的家具与工业设计学院和材料科学与工程学院牵手设立了东作红木家具技术研究开发中心。

协会成立五年多来，牢固树立服务意识，积极沟通和服务于全市红木家具企业，为促进东阳红木家具产业的健康发展做了大量而且有效的服务工作。

发挥桥梁纽带作用，规范行业健康发展。

行业协会于2010年，用四个多月时间，牵头组织六个重点企业，起草、制订并实施了《东阳市木雕·红木家具企业联盟标准》。2011年被批准为浙江省块状产业标准化重点项目，2013年经浙江省质检局验收，确认为优秀项目；行业协会积极配合东阳市科技局开展东阳市红木家具知识产权保护试点工作，组织行业内企业参加专利管理业务培训，引导企业增强专利保护意识和法制观念；2009年6月，协会与南京林业大学合作设立了南京林业大学木材科学研究中心东阳服务站，为全市红木家具企业认定家具材质、鉴定红木原材料，进行材质把关。自2011年起，经认定的家具，全部可在东阳市红木家具行业协会官网查询，为东阳市红木家具企业把控材质关提供质量保障服务；2009年联合东阳市质检局、经贸局正式下文组织实施红木家具销售标签工作。2012年协会组织东阳市龙头骨干企业，对红木家具的产品使用说明书，产品质量明示卡，产品合格证（简称"一书、一卡、一证"制度）等格式和内容都作了明确的规定，并于2013年2月正式实施，为进一步规范东阳市红木家具市场的销售行为提供保障；2010年协会制订和发布了《东阳市红木家具行业诚信公约》，并在东阳红木家具市场、南马红木家具展示中心、横店红木家具中心均制作统一标准的《东阳市红木家具行业诚信公约》挂牌，悬挂在各红木家具专卖店的醒目位置上，接受消费者监督；学习特色区域建设经验，争创中国红木家具之都。在协会及行业内各企业共同努力下，2012年东阳市人民政府向中国家具协会提出申请，中家协于2013年9月正式授予东阳市"中国红木家具之都"称号。

举办红木产业盛会，拓展东作家具市场。

自2009年开始，行业协会连续五年承办了五届由中国家具协会传统家具专业委员会、浙江省家具协会、东阳市人民政府举办的红木产业盛会——全国红木家具经销商大会，为拓展东作家具在全国市场的占有率，发挥了十分重要的作用。

开展"东作"奖评选活动，提高企业设计创新能力。

行业协会从成立起，就组织开展了东阳市红木家具精品评选活动。通过评选活动为参评单位与设计师提供了一个相互学习、取长补短的探讨提高机会，同时也不断引导东作家具走创新发展之路。

整合"东作"品牌文化，塑造东作家具形象。

东阳市红木家具行业协会自成立起，就十分重视"东作"品牌宣传。2009年协会与东阳市委宣传部联系拍摄制作"东作"宣传片——《话说东阳——东阳红木家具篇》，并链接国内各大行业网站进行推广。为打造东作家具区域品牌，协会每年出版《中国·东作红木家具精品汇》一书，传递"东作"家具文化，及时反映东阳红木家具产业发展动态。2011年11月，中央电视台《朝闻天下》栏目组走进东阳与三亚，进行了为期三天的采访与拍摄，12月3日专题报道《东阳木雕移花接木，传统工艺焕发生机》在中央电视台《共同关注》等栏目播出。2012年，深圳电视台制作的《盛世红木》与协会配合，反映东阳红木家具产业的记录片，也在中央电视台相关频道播出。

积极开展对外交流，努力拓展行业视野。

为整体推动东作红木家具销售渠道，建立东阳市红木家具企业与外界交流平台，几年来，协会组团到上海、天津、北京、江门、中山、杭州、义乌、柳州、江苏等地参加共20多场次的展会、博览会及交易会。同时根据协会会员单位不同需求，组团外出到北京、深圳、中山、东莞、江苏、福建等地进行考察活动。

开展各种形式培训活动，提高行业整体素质。

随着东阳红木家具产业的迅猛发展，各企业单位对员工的素质也有了更高的要求，为尽力满足行业发展的需要，协会几年来开展了多种形式的培训活动。2009年、2010年、2011年举行共三期红木家具营销、销售人员培训班；2014年4月、5月连续举办两期精细木工高技能人才培训班，同年9月，举办了首届家具设计师高技能人才培训班，并经考试均取得劳动部门颁发的初、中、高级职业技能证书，通过组织和举办培训活动，极大地促进了东阳市红木家具行业整体素质的提高。

2013年7月，中国家具协会授予东阳市红木家具行业协会"中国传统家具先进协会"称号。

品尝劳动果实、应对新的挑战、分享成功喜悦，我们与东阳红木家具产业携手共进！

东阳红木家具市场简介

东阳红木家具市场成立于2008年，总经营面积近12万平方米，汇聚了"友联为家""明堂红木""大清翰林""国祥红木""施德泉红木""怀古红木""万家宜""中信红木""旭东红木""年年红""万盛宇"等全国及东阳逾百个知名红木家具品牌，是目前国内单体经营面积最大的红木家具专业市场。

东阳红木家具市场，坐落在东阳世贸大道与义乌阳光大道交汇处，毗邻义乌国际商贸城、中国木雕城、东阳国际建材城，距离义乌核心商圈仅8分钟车程，向西1000米处即为甬金高速义乌出口，交通极为便利。

东阳红木家具市场特邀国内最具权威的木材鉴定机构——南京林业大学木材科学研究中心，在市场设立了南京林业大学木材科学研究中心东阳服务站，该服务站是国内首家专业红木家具市场面向全体经营者及消费者提供红木家具材质鉴定的专业服务机构，为消费者购买货真价实的红木家具提供保障。

在2010年9月召开的第二届中国（东阳）红木家具经销商大会上，东阳红木家具市场被中国家具协会、浙江省家具行业协会联合授予"中国红木家具规范经营示范市场"荣誉称号。

东阳红木家具市场将继续以一流的产品、先进的管理、热情周到的服务、宽敞舒适的购物环境，热忱欢迎全国各地知名品牌加盟及红木经销商和顾客朋友前来鉴赏选购！

市场地址：东阳市世贸大道599号（浙江海德建国酒店对面）
服务热线：0579—8633 3333　传　真：0579—8636 5161
网　　址：www.dyhmjjw.com

目录
CONTENTS

东作红木家具精品·优秀奖作品

东作红木家具精品·特别金奖作品

乾坤博古柜

作品材质：大红酸枝
作品规格：2700mm×700mm×2100mm
出品日期：2015年
出品企业：浙江大清翰林古典艺术家具有限公司

作品简介：幸逢盛世，文化产业如雨后春笋般节节高升。欣喜之情无以言表，遂设计此龙凤柜讴歌千载难逢之盛况。龙为华夏民族之图腾，具呼风唤雨之功，有潜天入地之能。凤为百鸟之王，非竹叶不食，非梧桐不栖。自盘古开天辟地以来，龙飞凤舞代有所闻，但是万象明德，龙凤双呈却是少之又少。而今风调雨顺五谷丰登，国泰民安万民承福，实百代之所无。故而龙凤呈祥，天地和谐。做此龙凤柜赞天地化育之功，感山河泽被之情。

红木家具精品汇

中国·东作

乾坤博古柜

世博概念方桌

作品材质：紫光檀、黄心楠
作品规格：4800mm×1760mm×850mm
出品日期：2015年
出品企业：杭生红木

作品简介：此作品是以上海世博会为主题，用三大和谐的中心理念，即"人与人的和谐，人与自然的和谐，历史与未来的和谐"，把人与自然的和谐，表现为"人、城、自然"三者共存，结合红木突出此作品的概念。

天圆地方沙发

作品材质：东非黑黄檀
作品规格：3500mm×2400mm×850mm
出品日期：2015年
出品企业：浙江卓木王红木家具有限公司

作品简介：此沙发造型采用圆方结合的设计理念。"智欲其圆道，行欲其方正"。圆，是中国道教通变趋时的学问。方，是中国儒家人格修养的理想境界。圆方互容，儒道互补，构成了中国传统文化的主体精神。"天圆地方"，蕴含"日月天空"和"生命大地"。雕刻工艺采用本公司独创的"东式影雕"的雕刻艺术表现方式，使雕刻的美观性得到展现，同时与家具的完美融合，使家具的舒适度不会受到雕刻图形的丝毫影响。雕刻图案选用"梅花、兰花、竹"，暗含"自强不息""清华其外""淡泊其中"的一种"君子"的人格品性。

制作工艺：板面工艺采用国内最高水平的无缝连接技术及极致手工打磨工艺，体现红木原材的极致外观表现。椅面工艺采用纯手工藤制编制，使沙发的舒适度同传统板面比较有了极大的改善和提高，同时由于藤面的透气性，使沙发的使用体验又舒适又健康。

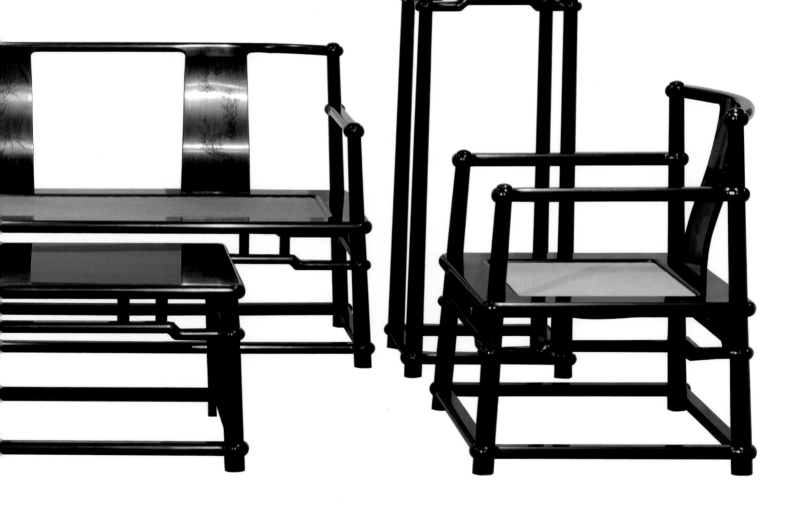

红木家具精品汇　中国·东作　023/024

天圆地方沙发

天圆地方沙发边桌

东作红木家具精品·金奖作品

天圆地方书桌椅

作品材质：东非黑黄檀
作品规格：1800mm×1210mm×1050mm
出品日期：2015年
出品企业：浙江卓木王红木家具有限公司

作品简介：此作品造型采用圆方结合的设计理念。"智欲其圆道，行欲其方正"。圆，是中国道教通变、趋时的学问。方，是中国儒家人格修养的理想境界。圆方互容，儒道互补，构成了中国传统文化的主体精神。"天圆地方"，蕴含"日月天空"和"生命大地"。雕刻工艺采用本公司独创的东式影雕的雕刻艺术表现方式，使雕刻的美观性得到展现，同时与家具的完美融合，使家具的舒适度不会受到雕刻图形的丝毫影响。雕刻图案选用佛手，精雕细琢、手指纤细、掌形饱满，似佛主之手捏花一般，充满佛意，代表着无穷的智慧和力量，能够为用自己的双手创造财富的人们以指引，为他们增添智慧和力量，收获事业上的成功，创造财富，能给人们带来吉祥如意、幸福美满的生活。佛手的谐音为"福寿"，又寓意添福添寿。

制作工艺：板面工艺采用国内最高水平的无缝连接技术及手工打磨工艺，体现红木原材极致的外观表现。椅面工艺采用纯手工藤制编面，使家具的舒适度同传统板面比较有了极大的改善和提高，同时由于藤面的透气性，使家具的使用体验又舒适又健康。

和谐如意沙发

作品材质：大红酸枝、大叶紫檀
作品规格：长椅 2040mm×690mm×1160mm
　　　　　短椅 940mm×680mm×1160mm
　　　　　平几 1320mm×1420mm×530mm
出品日期：2015年
出品企业：东阳市御乾堂宫廷红木家具有限公司

作品简介：产品采用传统榫卯结构技艺，严丝合缝，精选纹理和色泽相近的大红酸枝制作，造型优美。在沙发靠背、束腰、腿部采用东阳木雕的深浮雕、浅浮雕及镂空雕等技法雕刻。荷花、荷叶、荷茎雕刻精细、飘逸、灵动，惟妙惟肖，栩栩如生，达到"气韵生动、诗意盎然"的境界，寓意深远。荷花有一种"清水出芙蓉，天然去雕饰"的韵味，给人以视觉美感和精神享受，象征主人高贵典雅的生活品位，强化了家具的文化气息。作品隐喻主人品格高贵纯洁、家庭幸福美满，预祝家人好事连连、健康长寿，也彰显了清廉和谐、向上向善的社会氛围。整套作品具有极高的艺术价值、欣赏价值和收藏价值。

和谐如意沙发

新中式沙发

作品材质：缅甸花梨木

作品规格：三人位　2200mm×830mm×885mm

　　　　　一人位　1320mm×830mm×885mm

　　　　　平　几　1280mm×810mm×446mm

　　　　　高　几　600mm×600mm×565mm

出品日期：2015年

出品企业：东阳市韦邦家具有限公司

作品简介：采用燕尾榫卯结构，将制作工艺体现得淋漓尽致，并采用静中有动、动中有静的设计理念，将音箱设置其中，在休息之时，享受音乐带来的优雅情趣，整个设计将明式家具与现代人的生活品位相结合，体现此作品的独有风韵。

新中式沙发

明韵书房

作品材质：紫光檀
作品规格：书桌　1720mm×700mm×810mm
　　　　　椅　623mm×553mm×1136mm
出品日期：2015年
出品企业：东阳市明堂红木家具有限公司

作品简介：此书房系列木材为紫光檀，色泽温雅，选料精良，结体严谨，变化
多端的纹理在圆润端凝的椅身上游走，不需任何多余雕饰，深谙明式风骨。

祥云办公桌

作品材质：紫光檀、微凹黄檀
作品规格：2380mm×1080mm
出品日期：2015年
出品企业：东阳市黄家宝典家具有限公司

作品简介：此作品雕刻以花鸟为主题，以檀雕手法刻画，为新中式风格作品。

红木家具精品汇

中国·东作

落地圆插屏

作品材质：小叶紫檀、红酸枝
作品规格：1340mm×2620mm×720mm
出品日期：2015年
出品企业：东阳市中艺红木家具厂

作品简介：此作品选用小叶紫檀和红酸枝结合而成，暗紫色和橘红色搭配，色彩沉稳厚重，上部曲线和底座的直线形成对比，柔中带刚，虚实相生。中间圆形平滑部分和四周的雕刻形成对比，使作品主次分明。作为传承中国文化的载体，本作品运用了中国传统吉祥图案——牡丹花，不仅起到了很好的装饰作用，又为家具增添了"家重宝贵平安，人喜幸福吉祥"的文化寓意，满足了人们的精神需要。

醉墨轩画案四件套

作品材质：东非黑黄檀
作品规格：画　案　1975mm×950mm×820mm
　　　　　书　架　990mm×500mm×1970mm
　　　　　灯挂椅　620mm×480mm×1135mm
出品日期：2015年
出品企业：东阳市盛世九龙堂红木家具有限公司

作品简介：造型上，以明式为主，凸显简洁、明快、典雅的时代风格。技艺上，画案通体光素，左右柜脚，安管脚底枨枨内嵌架格底盘，配以灯挂椅。柜格为齐头方立式，通体光素，四面开敞，攒接一字架椅。

如意中堂十八件套

作品材质：大红酸枝
作品规格：6000mm×5000mm×1200mm
出品日期：2015年
出品企业：东阳市东木居明式家具有限公司

作品简介：本作品选用象征吉祥如意的灵芝纹作为雕刻题材，制作出庄严大气的经典仿古家具——中堂。灵芝表面有一轮轮云状环纹，被称为"瑞征"或"庆云"，是吉祥的象征，后来演变成"如意"，亦是美的象征，历来被人们应用于皇室仿古家具、中国传统建筑上等。此作品将灵芝纹运用于中堂家具上，神台大气厚重，八仙桌器型匀称，太师椅雕刻生动逼真，不染繁缛匠气，同时镶嵌精品大理石，石材与木材很好地形成色差对比。整套作品庄重肃穆，大气华美，制作工艺精良，堪称东作精品。

如意中堂十八件套

碧峰
春色
平平

东作红木家具精品·精品奖作品

永结同心大床

作品材质：大红酸枝
作品规格：3474mm×3106mm×2675mm
出品日期：2015年
出品企业：浙江中信红木家具有限公司

作品简介：本作品款式大气，线条流畅，给人一种稳重、简练、有气度之美。大床以《永结同心》为主题，寓意夫妻恩爱、同心同德。制作人量料取材、因材施艺、精雕细琢，既不破坏原有的舒适性，又能充分体现出收藏、欣赏价值。

宫廷沙发

作品材质：红酸枝（微凹黄檀）
作品规格：7800mm×6800mm×1800mm
出品日期：2015年
出品企业：东阳市明清宝典艺术家具有限公司

作品简介：此款沙发是明清宝典公司精品宫廷大型系列之一，整体造型以牌坊屋檐的结构构思来制作，靠背图案雕刻以百龙为主题，下架底座以莲花栏杆为主题，雕有祥云、蝙蝠、万字纹、如意等吉祥寓意图案，采用中国传统的木工工艺和东阳木雕的浅浮雕技法。整体豪华大气，制作精细，具有收藏性、欣赏性、实用性，是一件高档的艺术精品。

明风今韵茶桌

作品材质：乌木
作品规格：茶桌　880mm×880mm×780mm
　　　　　官帽椅　630mm×510mm×1080mm
出品日期：2015年
出品企业：东阳市惟明红木家具有限公司

作品简介：本作品由一张小方桌、四把官帽椅组成，选用优质乌木（金黑檀），秉持"明风今韵、经典时尚"理念精制而成。方桌造型简单、挺拔坚实，四腿与桌面直接相连，圆腿，腿安霸王枨。官帽椅造型空灵，线条简约，形制开张。搭脑呈弧线型，流畅灵动，背板根据现代人体工程学原理设计成S形，方便倚靠，落座舒适。背板素面，下端开鱼门洞圈口，简洁大方，富有动感。腿间安步步高赶枨，寓意幸福美满、更上层楼。选用心材，无瑕疵，无拼补。全部采用榫卯结构拼接，精工细作，表里如一，温润如玉。整套家具给人以纤巧雅洁、庄重沉稳、雍容华贵的美好感觉。在用材上，生产厂家创新家具用材，率先引进国标红木材质的优质乌木金黑檀，拓展了高端红木家具的资源空间。

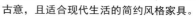

圆·和休闲椅

作品材质：紫光檀
作品规格：高几　485mm×395mm×665mm
　　　　　座椅　620mm×495mm×1200mm
出品日期：2015年
出品企业：东阳市明堂红木家具有限公司

作品简介：此组三件套为紫光檀制作，设计化繁为简，显简约之美；框架之间不设累物，返璞归真，呈空灵之美。榫卯结合，严丝合缝，含工艺之美。檀雕梅花鹿，取神得形，蕴文化之美，不失为一件极佳的蕴含古意，且适合现代生活的简约风格家具。

凤凰来仪雅座十二件套

作品材质：东非黑黄檀
作品规格：长椅 1980mm×670mm×1005mm　短椅 880mm×620mm×945mm
　　　　　平几 1330mm×980mm×560mm　四方高几 580mm×580mm×685mm
　　　　　小几 550mm×420mm×420mm　坑几 500mm×340mm×200mm
出品日期：2015年
出品企业：东阳市盛世九龙堂红木家具有限公司

作品简介：在造型方面，融合高端家居之明式审美理念和中式之人文体悟，形成端庄、典雅、时尚的自我风格。整体造型简练柔婉。在技艺方面，继承并发展东阳细木精湛的榫卯结构技艺，起承转合刚柔相济，攒接扣合宛若天成。在雕饰方面，以孔雀为主饰。孔雀相传为凤凰的化身，寓纯洁、祥瑞、华贵之意。"凤凰来仪"题旨喻雅座聚友，仪态非凡，瑞应吉祥。雕刻融合了东阳木雕线描和工笔画，以线立骨技法（俗称檀雕），画面形象逼真、简洁明快，极富立体感。

中国梦富春山居和谐茶台

作品材质：大红酸枝
作品规格：4200mm×3050mm×860mm
出品日期：2015年
出品企业：浙江卓木王红木家具有限公司

作品简介：本产品采用大红酸枝（交趾黄檀）制作而成，占地面积约3050mm×4200mm。在产品设计方面，一是以弘扬"中国梦"为主旨："中国梦"归根到底是人民的梦，人民的梦归根到底是家庭幸福的梦。茶台中间石茶盘上雕刻"和"字，寓意"家和万事兴"，传颂着新时代国民对"幸福、和美、安康"美好生活的追求。寓意着国家和谐、民族团结才能繁荣昌盛。二是以历史巨作《富春山居图》为原型。此作品以元代画家黄公望的传世名画、历史巨作《富春山居图》为主雕花原型，此图传承了画作万物静观的态度，沉淀出清明悠远的生命情怀。状林泉而深秀，撷云水之空灵。树拥村舍，水漫沙汀。渔舟泛碧，杳霭无声。石苍木华，地设天成。寄情于景，文人雅士品茗阅卷于此，体现淡泊名利的悠远情怀；隐喻着当代国人在物质文明基础之上对精神文明的不懈追求。三是彰显和谐茶台作品功能，主造型采用了圆弧设计，主人位于圆弧中心，热情接待四方来宾，处处融合了"和谐"的思想，意蕴着"人和、业兴、美家园"的美好寓意。

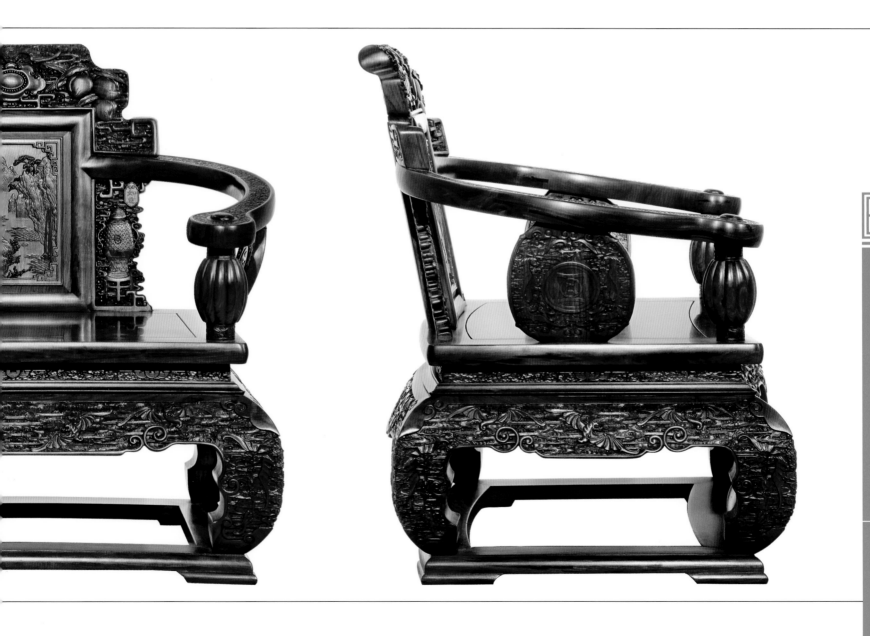

松鹤同春落地屏

作品材质：微凹黄檀等
作品规格：1330mm×580mm×2470mm
出品日期：2015年
出品企业：东阳市御品红木家具厂

作品简介：这是一套集"收藏、欣赏、艺术"于一身的高品位艺术性商品。它是采用墨西哥微凹黄檀，经专业人士运用雕刻、榫卯、曲线等传统工艺，独具匠眼、精雕细琢，呕心设计制造而成。其外观豪华、富贵、高雅，同时又不失庄重大气。松树象征长寿、鹤象征吉祥。寓意为美好的事情能延续久远。摆放居室既有韵味，又有创意，同时也是红木爱好者的一件不可多得的艺术追求与收藏的珍品。

圆融衣帽架

作品材质：非洲花梨木
作品规格：900mm×480mm×1950mm
出品日期：2015年
出品企业：浙江豪族科技有限公司

作品简介：本系列是以中国传统明代家具借古开今为主旨，渗透了
江南地区文人阶层的文化气息，风格独特，典雅明朗，此产品外形
给人们一种大气高雅之感，可作为展现我国传统文化的作品。

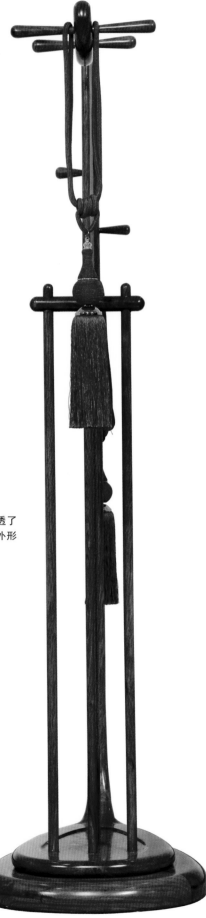

二十四孝顶箱柜

作品材质：小叶紫檀
作品规格：2360mm×580mm×2380mm
出品日期：2015年
出品企业：东阳市德恒阁红木家具有限公司

作品简介：作品以我国传统的《二十四孝图》为题材，结合东阳木雕平面浮雕技艺，生动地刻画了中国古代二十四孝子的故事。此顶箱柜结构方正、稳重大气，选材精良，雕刻细致入微。

世順虞

人生如意沙发

作品材质：大红酸枝、大叶紫檀
作品规格：长椅 2180mm×750mm×1180mm
　　　　　短椅 980mm×670mm×1150mm
　　　　　平几 1480mm×1280mm×580mm
出品日期：2015年
出品企业：东阳市御乾堂宫廷红木家具有限公司

作品简介：作品精选纹理、色泽相近的优质大红酸枝、大叶紫檀制作，沙发座板均为独板大红酸枝，花板为大叶紫檀。作品造型优美、线条流畅，按照现代人体工程学原理设计，使用舒适。采用传统榫卯结构技艺制作，严丝合缝，稳重牢固。雕刻运用东阳木雕和丝翎檀雕独特工艺相结合的方法，构图严谨，雕工精细。大平几面板、沙发靠背上的孔雀，运用丝翎檀雕工艺精雕而成，羽毛细微，栩栩如生，气韵生动，诗意盎然。沙发椅脑上的人参、灵芝、绶带，束腰、裙边及腿部的蝙蝠、祥云，均采用东阳木雕技法雕刻，图案优美，寓意祥和。孔雀是传说中凤凰的原型，在华夏文化中是吉祥和好运的象征，是美丽和高贵的代名，孔雀开屏意味大吉大利、好运连连。人参谐音人生，灵芝象征如意，蝙蝠喻义福气，绶带表示长寿，祥云代表吉祥……这些图案组合在一起，不仅突显了家具的视觉美感，还深化了家具的文化意蕴，给人以美的享受，寓意主人富贵吉祥、福寿绵绵、人生如意、生活美满。整套作品具有极高的艺术价值、欣赏价值和收藏价值。

人生如意沙发

祥云大床

作品材质：紫光檀、微凹黄檀
作品规格：1800mm×2000mm
出品日期：2015年
出品企业：东阳市黄家宝典家具有限公司

作品简介：此作品雕刻以国宝熊猫为主题，给人有熊之阳刚、猫之阴柔的感受。其形其态，憨厚温驯，淳朴可亲。其色其彩，黑白分明，间而不杂，把神奇和奥秘、完善和哲理集于一身。其床身设计采用现代与古典相结合，设计完美，制作精细，用料考究，是难得的中式家具代表之作。

洋花宝座沙发

作品材质：黑酸枝、红酸枝

作品规格：长沙发 2220mm×850mm×1100mm
短沙发 1000mm ×700mm ×1030mm

出品日期：2015年

出品企业：东阳市富万家红木家具有限公司

作品简介：风格简洁、流畅的线条架构出稳重、大气的风格，具有圆润、简单的特点，下脚座设计协调了整套作品的稳重（稳坐泰山之中），雕刻采用檀雕、浅浮雕的技法，突出作品的大气和高雅。图案寓意健康长寿，材质采用普通黑酸枝与红酸枝巧妙搭配，更让作品达到了有机统一和完美融合。

雕龙神台

作品材质：大红酸枝
作品规格：2180mm×970mm×900mm
出品日期：2015年
出品企业：东阳市华龙工艺品有限公司

作品简介：本作品以龙为主题，设计造型厚重、沉稳、大气，动感十足，姿态雄健有力，体现了九五之尊的威严。龙是华夏民族的代表，是中华民族团结、富贵的象征。雕花工艺大师以纯手工精雕细琢，集立体雕、深浮雕、浅浮雕等多种雕刻手法于一身，技艺精湛，用刀酣畅遒劲，用材厚实，气韵浑厚，材料上精选色泽漂亮、纹理一致的上等老挝大红酸枝，无白皮、无死结、无开裂、无虫蛀，榫卯结构严密、不开裂不变形、坚固耐用。它是一件具有实用、欣赏、收藏价值的不可多得的佳作。

红木家具精品汇

中国·东作

097/098

圣贤书房

作品材质：微凹黄檀、大叶紫檀
作品规格：书桌 3680mm×1260mm×1080mm
　　　　　书柜 4360mm×460mm×2380mm
　　　　　书椅 760mm×657mm×1180mm
出品日期：2015年
出品企业：东阳市振宇红木家具有限公司

作品简介：作品款式简洁大方，造型整体稳重，书柜以传统榫卯结构组合打造，选材精细合理（主要材料为红酸枝、微凹黄檀，配以大叶紫檀作为辅助材料）。在色泽上红黑搭配，层次分明，再加上以公司独创"东式檀雕"技法和工艺，使得产品上动物与花草的立体效果真实，形态栩栩如生。

透雕夔龙纹沙发

作品材质：卢氏黑黄檀
作品规格：4000mm×4000mm×1080mm，坐高 450mm
出品日期：2015年
出品企业：东阳市东木居明式家具有限公司

作品简介：此作品制作参照了《中国竹木牙角器全集》中记载的故宫博物院藏品透雕夔纹罗汉床，并在此基础上进行大胆创新设计，沿用其经典器型和图案，创作出现代实用款十件套沙发。座椅五屏风式，正面三屏透雕夔龙纹，并配浮雕蝙蝠祥云图，夔龙纹造型简约抽象，融合象征吉祥如意的蝙蝠图案，雕工凝而不滞，其动势起伏回环，婉转而遒劲，牙条浮雕夔龙纹，腿足下承托泥。整套家具经改良创新后，既保留了原款造型的典雅中正，格调的古朴妍秀，又加大了实用性，使之更加适合家庭使用。本作品气韵生动、饱满，制作工艺精良，兼具观赏性和实用性，为东作精品的代表之一。

孔雀沙发

作品材质：红酸枝

作品规格：长沙发　2170mm×700mm×1060mm
　　　　　短沙发　1000mm×700mm×1060mm
　　　　　花　几　450mm×450mm×690mm
　　　　　高　几　600mm×600mm×600mm
　　　　　大平几　1480mm×1180mm×500mm

出品日期：2015年

出品企业：浙江檀樽红木家具有限公司

作品简介：本作品传承中华传统符号，以中国结为元素，结合丝翎檀雕手法，使文化和技艺完美结合，彰显了高雅、大气的风格。

孔雀沙发

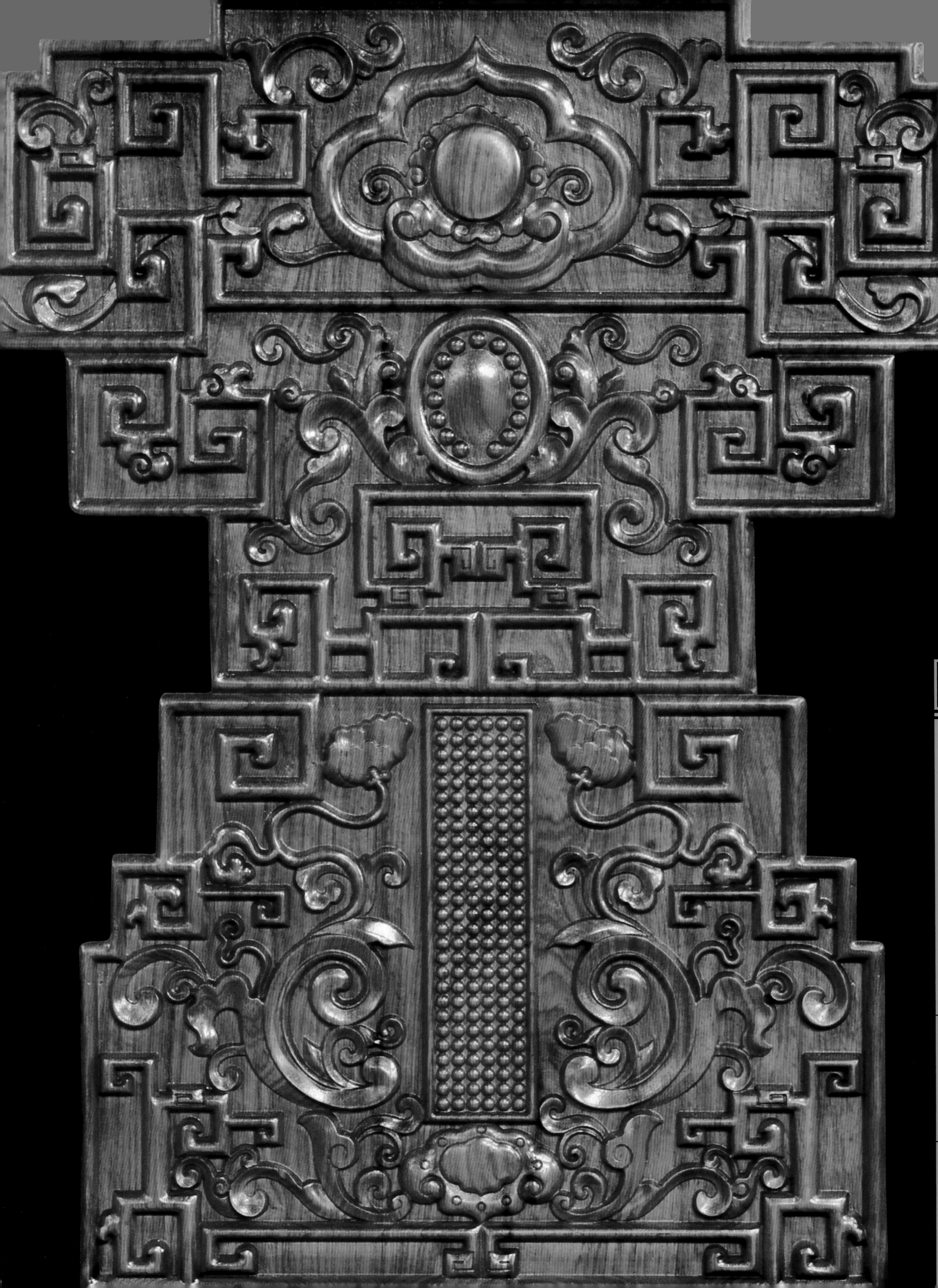

明风今韵南官帽椅

作品材质：乌木
作品规格：官帽椅 630mm×510mm×1080mm
　　　　　茶　几 420mm×480mm×620mm
出品日期：2015年
出品企业：东阳市惟明红木家具有限公司

作品简介：本作品选用优质乌木（金黑檀），秉持"明风今韵、经典时尚"理念精制而成。造型稳重大方，轮廓简练舒展，线条温婉流畅。背板根据人体脊背的自然特点，设计成S形曲线，且与座面形成适度的背倾角，落座放松舒适。全部选用心材，无拼补，无瑕疵。采用榫卯结构拼接，坚实牢固，精工细作，表里如一，特殊打磨，温润如玉。背板饰以丝翎檀雕"秋叶雀鸟"，蕴含鸟鸣林静、平和闲适之意，体现主人恬淡平和、宁静致远的心境。雕刻精细，体现了木雕工艺和红木家具的完美结合，具有鲜明的地方文化特色。整套家具造型优美，材质上好，工艺精湛，气韵丰沛，堪称红木家具中的精品。在用材上，生产厂家创新家具用材，率先引进国标红木材质优质乌木金黑檀，拓展了高端红木家具的资源空间。

特号名著宝座沙发

作品材质：缅甸花梨木
作品规格：6000mm×6000mm×1830mm
出品日期：2015年
出品企业：杭生红木

作品简介：此作品为客厅系列的典范，充分运用榫卯结构来打造精美霸气的外形，整套宝座浑然大气稳重，并加入清代宫廷风格，又保留东阳木雕的平面技法，深、浅镂空雕的特色雕工精细，气韵浑厚，既不破坏原有的舒适性，又能充分体现收藏欣赏价值。宝座上为立体雕金童玉女手扶扇形画，画中有画，疏密有致，富有节奏感和韵律的变化，使整件作品呈现出造型精美的外形轮廓，为现代清式红木家具的典范。

特号名著宝座沙发

明越画案

作品材质： 巴里黄檀
作品规格： 画　案　2180mm×1000mm×830mm
　　　　　　画案椅　560mm×480mm×1300mm
出品日期： 2015年
出品企业： 东阳市韦邦家俱有限公司

作品简介： 画案为夹头榫结构，即四足上端嵌牙条，腿足用方材，全身光素，侧面枨子两根，并夹一雕刻花板，锦上添花，将腿足连接在一起。此造型为明式画案最常见，也是最标准的造型。此明越画案，传承了明式家具的精髓，并将其融入到现代人的生活中来，是文人墨客的首选作品。

概念茶桌

作品材质：紫光檀、微凹黄檀
作品规格：1400mm×800mm×660mm
出品日期：2015年
出品企业：东阳市黄家宝典家具有限公司

作品简介：此作品是新中式风格，具有简约、时尚的特点，符合现代家居生活要求。

朗世宁百骏图罗汉床

作品材质：大红酸枝
作品规格：2100mm×1100mm×1100mm
出品日期：2015年
出品企业：东阳市德恒阁红木家具有限公司

作品简介：此罗汉床为三屏风式，三扇围屏雕花以清代宫廷画师郎世宁的名作《百骏图》为蓝本，融合东阳木雕深、浅浮雕等技法，生动地展现了骏马风姿，而且百马百态，栩栩如生。作品整体风格稳重大气，雕工精美考究。

屏风

作品材质：大红酸枝、大叶紫檀
作品规格：4000mm×2000mm
出品日期：2015年
出品企业：东阳市古艺轩红木家具厂

作品简介：本作品用大红酸枝制作而成，雕花板用大叶紫檀，主花板用景德镇瓷板，瓷板面上选用名家吴国兴的青花山水画。具有较高的艺术价值和收藏价值。

五福呈祥沙发

作品材质：奥氏黄檀
作品规格：5200mm×4000mm
出品日期：2015年
出品企业：东阳市御品红木家具厂

作品简介：五福呈祥沙发是一套集收藏、欣赏、艺术于一体的艺术性家具，经专业人士运用雕刻、榫卯等传统工艺，独具匠心、精雕细琢而成。其外观豪华、富贵、高雅，具有双龙戏珠、天官赐福、狮舞乐民、松柏雀鹤等美好的寓意，无不展示出吉祥如意、国泰民安、繁荣昌盛的悠久历史文化。

一壶知雅茶案五件套

作品材质：东非黑黄檀（紫光檀）
作品规格：桌　900mm×900mm×780mm
　　　　　椅　500mm×450mm×1090mm
出品日期：2015年
出品企业：东阳市盛世九龙堂红木家具有限公司

作品简介：造型上，以明式为范本，融入了中国茶韵的人文内涵。整
体造型素雅简约。技艺精湛，茶桌，方正光素，束腰，霸王枨。二出
头灯挂椅四把，彰显其素雅、明亮的风格。

红木家具精品汇

中国·东作

中国梦沙发

作品材质：大红酸枝
作品规格：长沙发 2320mm×690mm×1330mm
　　　　　平　几　1460mm×1460mm×480mm
　　　　　高　几　600mm×600mm×620mm
　　　　　高花几　500mm×500mm×890mm
　　　　　坑　几　550mm×480mm×260mm
　　　　　座　椅　1070mm×690mm×1280mm
出品日期：2015年
出品企业：东阳市中泰红木家具有限公司

作品简介："中国梦"是我们中华民族几千年不懈追求的梦想。从盘古开天地远古时代开始出现的"女娲补天""嫦娥奔月""大禹治水""炎黄二帝"等美丽的传说，都在追求一种崇高的目标。但不管是神话或传说，它在我们中华大地上流传了几千年，上至皇帝下至平民百姓，无不津津乐道，这就体现了我们历代中华儿女所追求的梦想。国要强，民要富，我们必须依靠人的聪明才智，靠科技兴国，勤劳致富，从古代到现代同一个道理。从十五世纪初明朝的郑和七下大西洋，中国四大发明（纸、指南针、火药、印刷术）。游遍了世界各地，从"东南亚"到中东沙特阿拉伯麦加再到现在的索马里、肯尼亚等地，访问30多个国家，船队之大、航程之远，是世界上空前罕见的。人的交往、物资的交流大大推进了人类文明的进步和中华民族与世界各民族的友好关系建立和发展，开创了中华民族和平崛起的典范。这套沙发就是围绕以上几大主题的内容，结合优质老挝大红酸枝的材料，通过工艺设计大师的精心设计和纯手工精雕细刻而成的。因此，这套沙发不仅是家庭经久耐用的家具，更是一套具有深度文化内涵的艺术品，有极高的收藏价值，是市场难得一见的精品。

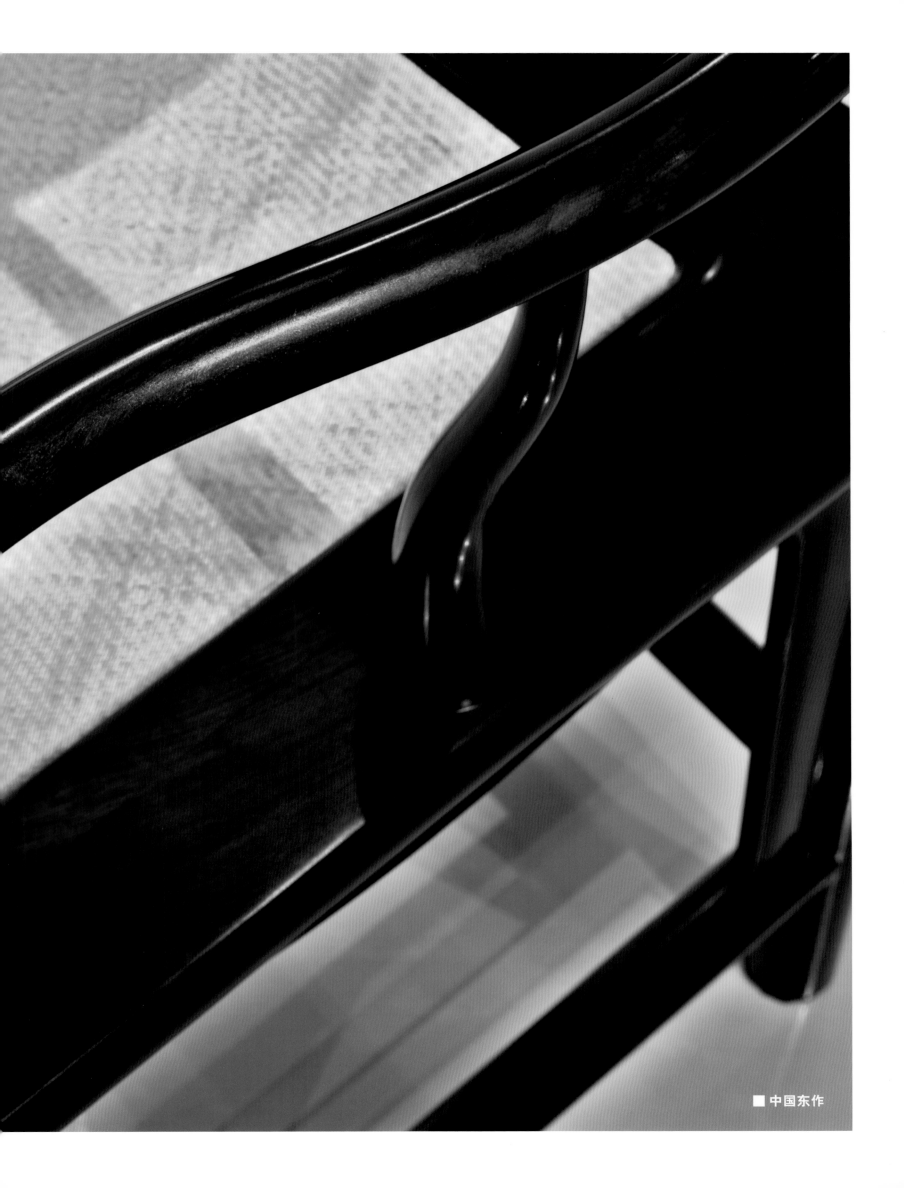

■ 中国东作

花枝山水架子床

作品材质：红酸枝
作品规格：2160mm×1930mm×2320mm
出品日期：2015年
出品企业：江门市新会区双水御锦轩古典家具厂

作品简介：花枝山水架子床是本公司在2009年设计成功的，大床的设计精美，整体可以折装，雕工精细，将传统风格与现代元素有机地融合在一起，款式新颖别致，造型独特，形体美观大方，是一件上等的好家具。

明风今韵圈椅

作品材质：乌木

作品规格：圈椅　600mm×480mm×910mm
　　　　　茶几　480mm×380mm×700mm

出品日期：2015年

出品企业：东阳市惟明红木家具有限公司

作品简介：本作品选用优质乌木（金黑檀），秉持"明风今韵、经典时尚"理念精制而成。造型大气优美，尺寸比例协调，线条纤巧流畅。背板根据现代人体工程学原理设计成S形，方便倚靠，落座舒适。选用心材，无瑕疵，无拼补。采用榫卯结构拼接，严丝合缝；精工细作。背板饰以丝翎檀雕"螭龙呈祥"，构图简洁，寓意深远，表达了福寿吉祥的美好祈愿。刀法精致，神形兼备，体现了木雕工艺与红木家具的有机结合和东作家具的文化特色。整套家具在型、材、艺、韵等方面达到了大气沉稳、高贵典雅的境界。

花鸟宝座沙发

作品材质：大红酸枝
作品规格：4000mm×4000mm
出品日期：2015年
出品企业：东阳市古艺轩红木家具

作品简介：本作品以高超的雕刻技法，突显出栩栩如生
的花鸟艺术，十分精致、高雅，值得收藏。

花鸟宝座沙发

壹号会议台

作品材质：缅甸花梨木
作品规格：4800mm×1760mm×850mm
出品日期：2015年
出品企业：杭生红木

作品简介：此作品粹取中华传统家具文化的精髓，辅以现代设计的表现手法，精心打造，在造型上更注重人体力学与美学要求，形成在传承中鼎新、在鼎新中传承的现代红木家具风格。其形散神不散，既蕴含了现代美学的审美要求与追求舒适生活"以人为本"的理念，又做到了传统家具"以人文精神为本"的基本设计要求。同时，设计装饰使用的中国元素又使其与传统家具一脉相承，相得益彰，达到了完美融合。

壹号会议台

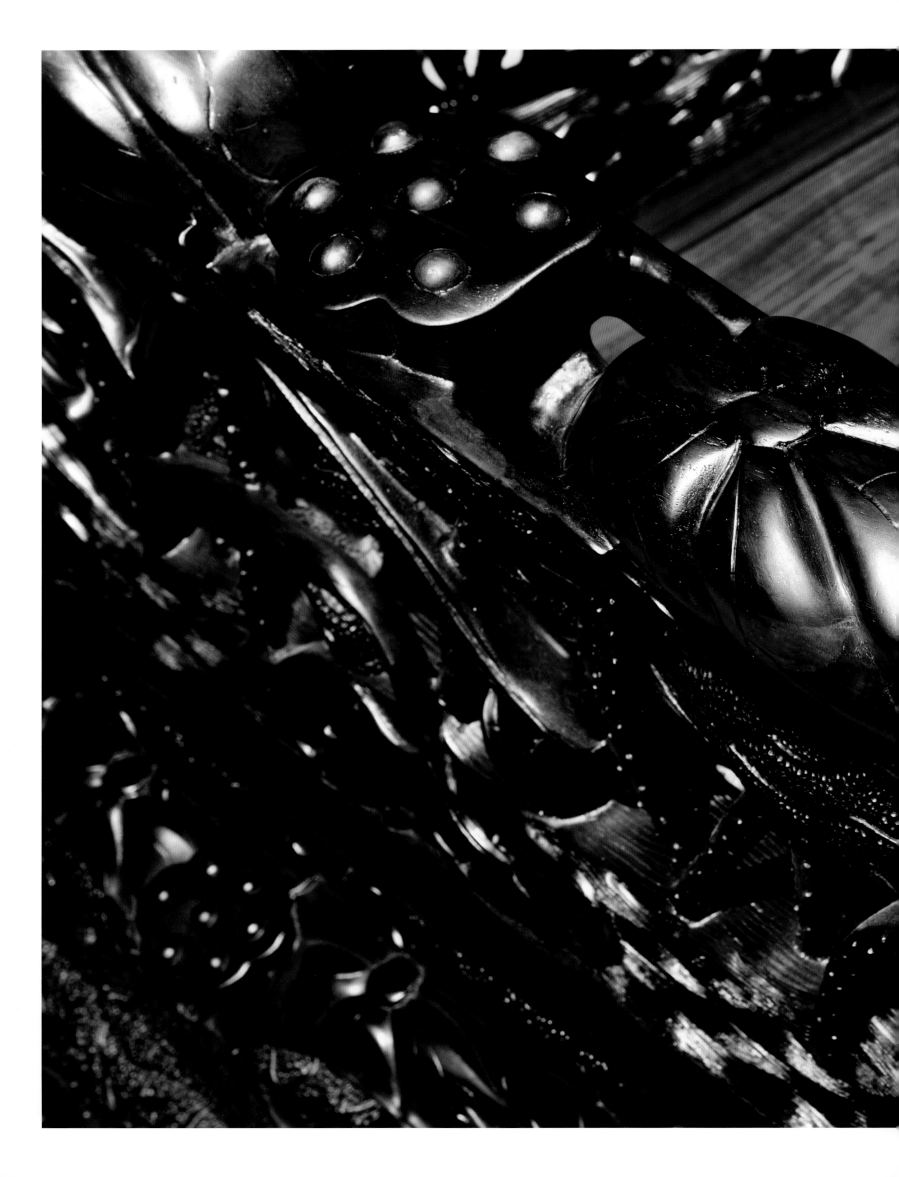

■中国东作

汉唐风韵顶箱柜

作品材质：大果紫檀、东非黑黄檀
作品规格：1180mm×600mm×2360mm，共两件
出品日期：2015年
出品企业：东阳市双洋红木家具有限公司

作品简介：此套黑包黄明式素面顶箱柜，色泽分明，对比强烈，给人以
汉唐风韵的稳重与丰腴之感。为了更加迎合现代人的审美观点，该套顶
箱柜在造型基础上，稍做改善，特别是选材搭配上，起到画龙点睛的作
用，主要是表达木材原色之美。柜由大小二托上下叠合而成，二柜可合
可分，非常实用。故形态至精至简，不雕饰，结构上不拖泥带水，全榫
卯拼接。腿足、杆、轴均由东非黑黄檀打造，整体柜架稳健、厚实。柜
体所有面板选用大果紫檀虎皮纹同一大料独板分割而成，上下相连，左
右相对，纹理之间挥洒写意，甚是难得。整体造型规整，黑色线条简洁
流畅，立足沉稳，大气秀美，以彰显材质本身莹润色泽及丰富纹理之自
然神韵要求，给人以美的享受。材质汲取日月精华，美器积淀历史人文，
蕴藏了岁月灵性，融生活功能及收藏价值于一体，为明式家具之典藏。

休闲桌

作品材质：紫光檀、大红酸枝
作品规格：桌子　950mm×950mm×800mm
　　　　　椅子　570mm×470mm×1040mm
出品日期：2015年
出品企业：东阳市家家红红木家具厂

作品简介：此款休闲桌简约而不简单，设计优美，做工巧妙精细，造型精巧灵动，款式新颖独特，将传统风格与现代元素有机融合，达到了完美统一，实为难得佳品！

圆融沙发

作品材质：非洲花梨木
作品规格：一人位 1000mm×780mm×850mm
　　　　　双人位 1550mm×780mm×850mm
　　　　　三人位 2150mm×780mm×850mm
出品日期：2015年
出品企业：浙江豪族科技有限公司

作品简介：本系列以中国传统明式家具中的圆、点、线、面为
设计元素，其融入现代设计美学及现代生活方式，以达到中国
人的审美。改进了几百年的传统硬坐姿，让人们享受到现代人
体工程学的舒适感，同时，也品味到几百年前的传统文化。

圆融沙发

腰台

作品材质：东非黑黄檀
作品规格：900mm×480mm×830mm
出品日期：2015年
出品企业：新会福兴古艺家具店

作品简介：本作品造型优美，具有清式风格。线条灵活，雕工精细，采用榫卯结构，以传统方式制作而成，达到了传统元素与现代风格的完美融合，具有很高的欣赏价值和使用价值。

OC-654浴室柜

作品材质：刺猬紫檀
作品规格：1200mm×600mm×820mm
出品日期：2015年
出品企业：东阳市欧晨卫浴有限公司

作品简介：此款浴室柜的寓意是"吉祥如意"，木材采用进口的刺猬紫檀，通过原料开锯、防腐和中国传统一千八百年之久的出凿拼接技术，精心打造而成。具有防水、防潮、防裂、防霉变的特性。木材木质坚硬，结构细腻，纹理精致而美丽。木材的表现力充分展示了天然美，散发着浓厚的文化气息，给人一种奢华至极的美感。

世家沙发

作品材质：大果紫檀
作品规格：茶　桌　880mm×880mm×780mm
　　　　　官帽椅　630mm×510mm×1080mm
出品日期：2015年
出品企业：浙江名流家具有限公司

作品简介：这款产品的设计师以全新的手法，开放的视野，诠释了现代中国消费者日益高涨的对红木家具的消费需求。产品主要图案采用了中国传统的吉祥图案牡丹花（花开富贵）、福（蝠）满华堂、祥云（高升、如意）等，代表了设计师独具匠心的设计思路，表达了人们对美好生活的向往，同时意为平安、富贵长存的寓意。

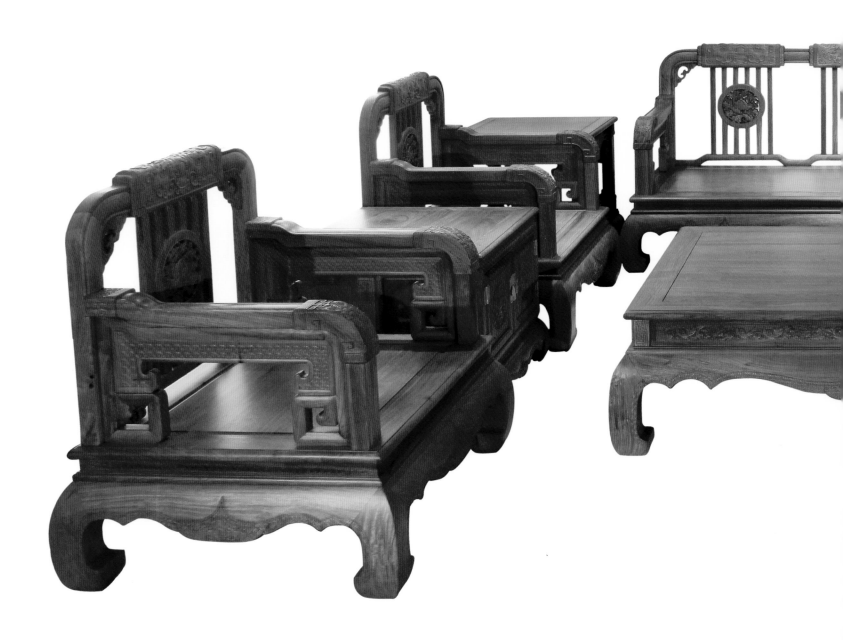

明式圈椅

作品材质：缅甸花梨木
作品规格：470mm×610mm×940mm
出品企业：深圳市万盛宇家具有限公司

作品简介：缅甸花梨明式圈椅三件套，圈椅宽610cm，高940cm，深470cm。椅从搭脑处顺势直下到扶手，流畅明快。整体造型圆浑质朴，一曲一直，制作精致。圈椅靠背板的下端浮雕如意纹，如意纹内被人赋予了"回头即如意"的吉祥寓意。最初民间"君子比德如玉"，玉如意的出现，将玉的坚润不渝美德与如意的吉祥寓意结合，成就了具有中国特色吉祥文化的如意雕刻。嵌板下有浮雕花纹的牙条支撑，一对扶手成S形，美观又十分罕见。底枨为步步高赶枨。前腿和大边间卷口牙子。圈椅的椅圈多用弧形圆材攒接，下部腿足和面上立柱采用素光圆材，只在正面牙板的正中和背板正中点缀一组浮雕的简单花纹，立根立柱另安，造型大方、流畅，富有变化，其等级高于其他椅式，极受世人推崇。圈椅又叫太师椅。"太师椅"这个名称最初始于南宋初年，据说是秦桧时兴起的，也是中国家具中唯一一种以官名来命名的器物。太师椅在宋代是交椅的一种。书载，当时有个叫吴渊的京官，为了奉承时任太师的秦桧，出主意在他的交椅后背上加了一个木制荷花状托首，称作"太师样"，此后仿效者众，遂名太师椅。明代，这种交椅渐被圈椅取代，故名圈椅为太师椅，到了清代，民间已将所有的扶手椅都称作"太师椅"。圈椅是明式家具的代表，作为古典优秀器物，具有很高的艺术价值；它那优雅的轮廓，和谐的比例，适宜的尺度，都是古代工匠智慧的结晶，明代家具的风格具有四个特点：一是造型简练，以线为主；二是结构严谨、作工精细；三是装饰适度、繁简相宜；四是木材坚硬、纹理优美。

圆花几

作品材质：东非黑黄檀
作品规格：550mm×550mm×830mm
出品日期：2015年
出品企业：新会福兴古艺家具店

作品简介：此几工艺非常细腻，选用上等东非黑黄檀制作，整体器形精巧耐看。几面圆形，攒框镶板，插肩榫制，有素腰，腰内精美透雕，鼓腿彭牙，牙板有如意云纹，五条三弯腿，外翻马蹄足，足下承圆形托泥，属清式风格，彰显其古朴之美。具有很高的艺术价值和欣赏价值。

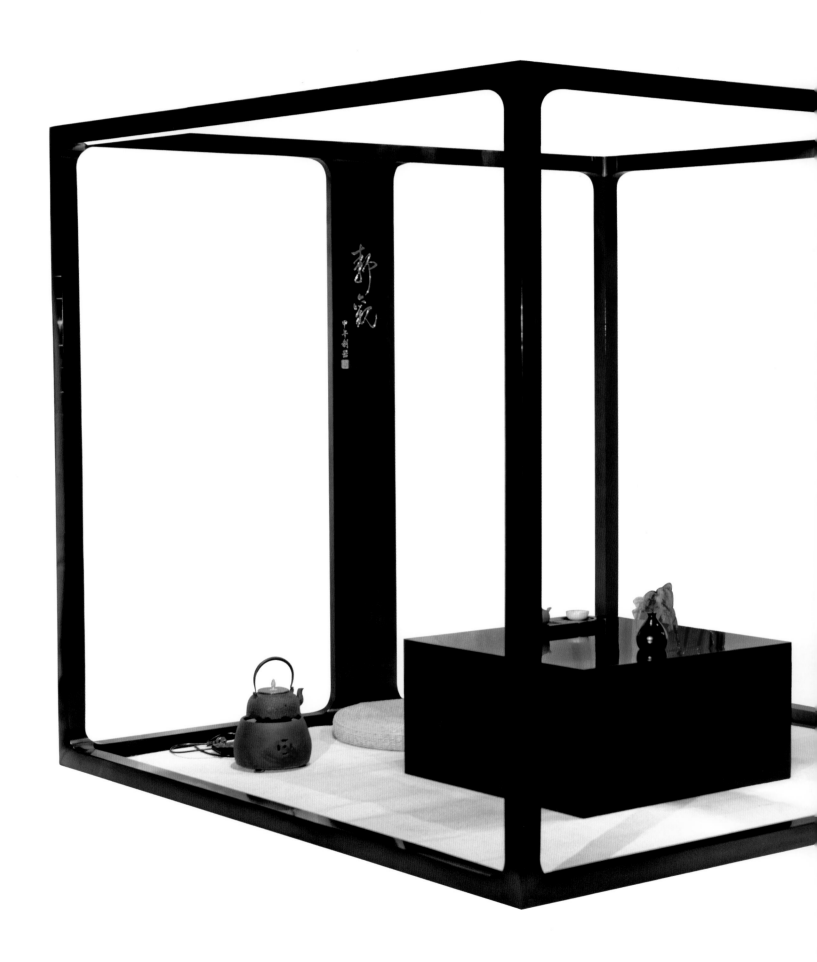

欲解"器"中理

作品材质：紫光檀
作品规格：2200mm×2200mm×1850mm
出品日期：2015年
出品企业：浙江大清翰林古典艺术家具有限公司

作品简介：中国茶文化源于唐朝，在品茶中融入"苦寂""清静"的佛教思想，在品茶中希望自己与山水、自然融为一体，在品茶中得"悟境"。茶可得道、茶中有道。把品茶从技艺提高到精神的高度。同佛教清规，饮茶谈经、佛学哲理、人生观念融为一体。开辟了茶文化的新途径，此乃"禅茶"。一人品茶谓之"禅茶"，二人品茶谓之"趣茶"，三人品茶谓之"慧茶"，四五谓乏，七八谓施，茶在怀中由"浮"而"沉"，由"浓"而"淡"，由"有"而"无"。虽曰一味淡茶但涌入禅理，它使你品尝到的是一种人生百味，感受到的是一种人生无常的思想之泉。此时，青山、绿水、白云、明月、翠竹、寒松、孤鹤、霜雪，尽化其中。吃茶吃出百般味，是修行的开始，得到百般茶再吃出一般味时，此乃"无念""无相""无住"。

主 编：李黎明

副 主 编：曹益民　应杭华

编 委：李黎明　曹益民　应杭华
　　　　金欲媚　何　婷　叶洪军

执行编辑：王　虹　汪　汪

装帧设计：埃克迅设计机构

摄 影：艺泰商业摄影机构

图书在版编目(CIP)数据

东方新奢：红木家具精品汇. 2015/ 李黎明主编 —武汉：华中科技大学出版社，2015.11
ISBN 978-7-5680-1217-1

Ⅰ. ①东… Ⅱ. ①李… Ⅲ. ①红木科－木家具－东阳市 Ⅳ. ①TS666.255.3

中国版本图书馆CIP数据核字 (2015) 第211508号

东方新奢 红木家具精品汇 2015　　　　　　　　　　　　　　　　　　　　　　　　李黎明 主编

出版发行：华中科技大学出版社（中国·武汉）

地　　址：武汉市武昌珞喻路1037号（邮编：430074）

出 版 人：阮海洪

责任编辑：曾　晟　　　　　　　　　　　　　　　　　　　　　　　　　　责任监印：秦　英

责任校对：胡　雪　　　　　　　　　　　　　　　　　　　　　　　　　　装帧设计：埃克迅设计机构

印　　刷：北京雅昌艺术印刷有限公司

开　　本：889 mm×1194 mm　1/8

印　　张：23.5

字　　数：94千字

版　　次：2015年11月第1版第1次印刷

定　　价：498.00元(USD 99.99)

投稿热线：(010)64155588-8000

本书著有印装质量问题，请向出版社营销中心调换

全国免费服务热线：400-6679-118 竭诚为您服务

版权所有　侵权必究